Puspanjali Acharya
Suman Bhattari

Situação e medidas de controlo das espécies invasivas alóctones

Puspanjali Acharya
Suman Bhattari

Situação e medidas de controlo das espécies invasivas alóctones

Um estudo de caso da Área de Conservação de Blackbuck, Khairapur, Bardiya

SciénciaScripts

Imprint

Any brand names and product names mentioned in this book are subject to trademark, brand or patent protection and are trademarks or registered trademarks of their respective holders. The use of brand names, product names, common names, trade names, product descriptions etc. even without a particular marking in this work is in no way to be construed to mean that such names may be regarded as unrestricted in respect of trademark and brand protection legislation and could thus be used by anyone.

Cover image: www.ingimage.com

This book is a translation from the original published under ISBN 978-620-2-05926-8.

Publisher:
Sciencia Scripts
is a trademark of
Dodo Books Indian Ocean Ltd. and OmniScriptum S.R.L publishing group

120 High Road, East Finchley, London, N2 9ED, United Kingdom
Str. Armeneasca 28/1, office 1, Chisinau MD-2012, Republic of Moldova, Europe
Printed at: see last page
ISBN: 978-620-7-89027-9

Resumo

As espécies exóticas invasoras (EEI) são a segunda maior ameaça à biodiversidade mundial. Assim, a invasão está a tornar-se uma preocupação global na área da conservação. A área da Área de Conservação do Pato-negro (BCA) tem sido a área que tem suportado o maior número de populações selvagens do Pato-negro em perigo de extinção (BB). O estudo foi realizado com o objetivo de preparar uma lista de verificação das espécies exóticas invasoras, avaliar o estado das espécies invasoras em termos de espécies e documentar as práticas existentes de controlo das espécies invasoras. Utilizou-se uma amostragem sistemática com início aleatório, em que se utilizou uma parcela de 10mx10m para estimar a percentagem de cobertura das espécies invasoras arbustivas e uma parcela aninhada de 1mx1m para contar as espécies herbáceas, com um intervalo de 100m. O Índice de Simpson foi calculado para determinar a diversidade das espécies e o Índice de Valor Importante (IVI) para determinar a dominância das espécies foi calculado e interpretado em conformidade. Das 49 espécies registadas, 14 foram identificadas como espécies invasoras, das quais 11 foram registadas em prados e três em terrenos aquáticos. Destas espécies, *Achantherum hymenoids* foi considerada a mais invasora (IVI=87,89). Nas terras aquáticas, *Ipomoea carnea* tem a maior dominância (60%). As medidas de controlo mecânico das espécies invasoras são a gradagem, o desenraizamento, o fogo controlado e o corte com foice, que são recomendados para melhorar a qualidade do habitat do pato-negro.

Palavra-chave: Alienígenas invasivas, Blackbuck, Índice de Valor Importante, Diversidade

ACRÓNIMOS

BB	Blackbuck
BCA	Blackbuck Conservation Area
CBD	Conventional on Biological Diversity
CNP	Chitwan National Park
DNPWC	Department of National Parks Department of forest and Wildlife Conservation
GIS	Global Information System
GPS	Global Positioning System
IAS	Invasive Alien Species
IOF	Institute of Forestry
IUCN	The World Conservation Union
IVI	Important Value Index
MOFSC	Ministry of Forests and Soil Conservation
NGOs	Non-governmental organization
NTNC	National Trust for Nature Conservation
RC	Relative Cover
RD	Relative Density
RF	Relative Frequency

Conteúdo

CAPÍTULO 1

INTRODUÇÃO

1.1 . Antecedentes

A extensão global e o rápido aumento das espécies invasoras está a homogeneizar a fauna e a flora mundiais (Mooney e Hobbs, 2000) e é reconhecida como uma das principais causas da perda de biodiversidade global (Czech e Krausman, 1997; Wilcove e Chen, 1998). As espécies invasivas podem causar uma transformação dramática da floresta ao nível da paisagem, alterando os regimes de perturbação, o ciclo de nutrientes e as propriedades do ecossistema acima e abaixo do solo (por exemplo, Mack *et al.*, 2000; Ehrenfeld, 2003; van der Putten *et al.*, 2007). A conservação da diversidade biológica é uma das necessidades urgentes do mundo atual. A nível internacional, existe um consenso crescente de que a invasão por espécies exóticas é uma das maiores ameaças à conservação da diversidade biológica (Diamond e Case , 1986; Coblentz, 1990).

As espécies exóticas invasoras (EEI) são espécies cuja introdução e/ou disseminação fora da sua distribuição natural passada ou atual ameaça a diversidade biológica. As espécies invasoras são também designadas como sinónimos de exóticas invasoras e exóticas que ameaçam ecossistemas, habitats ou espécies nativas (CBD, 2008). As espécies invasoras são aquelas que não ocorrem naturalmente numa determinada área e cuja introdução é suscetível de causar danos económicos ou ambientais ou danos à saúde humana, tanto na flora como na fauna. As espécies invasivas são capazes de se adaptar a uma vasta gama de condições ambientais e de se propagar a um ritmo mais acelerado com actividades económicas como as viagens, o comércio e a tecnologia (MEA, 2005). Do ponto de vista ecológico e silvicultural, a introdução abrupta de uma nova espécie numa área afecta a composição das espécies existentes. Por conseguinte, as espécies invasoras são consideradas prejudiciais para o ambiente e para a ecologia.

A invasão de espécies está a alterar profundamente as comunidades e os ecossistemas em todo o mundo (Gurevitch e Padilla, 2004). As EEI são espécies, nativas de uma área ou região, que foram introduzidas numa área fora da sua distribuição normal, por acidente ou propositadamente, e que colonizaram ou invadiram o seu novo lar, ameaçando a diversidade biológica, os ecossistemas e habitats, e o bem-estar humano (CBD 1992). Recentemente, o aquecimento global é frequentemente creditado pela sua expansão a nível mundial. As EEI têm impactos ecológicos e evolutivos, bem como económicos.

Os impactos ecológicos e evolutivos incluem a extinção de espécies, a modificação dos processos do ecossistema (por exemplo, ciclo de nutrientes, regime de incêndios, hidrologia) e a evolução. Por exemplo, cerca de 42% das espécies que constam da lista de espécies ameaçadas ou em perigo de extinção estão em risco principalmente devido a espécies exóticas (Pimentel *et al.*, 2000). Os impactos económicos incluem os danos directos aos recursos e o custo do controlo das espécies exóticas invasoras. Os danos económicos causados pelas EEI foram estimados em mais de 138 mil milhões de dólares por ano (Pimentel *et al.*, 2000). No entanto, os investigadores não são unânimes quanto à natureza e ao mecanismo do impacto das espécies exóticas invasoras nas comunidades e nos ecossistemas (por exemplo, MacDougall e Turkington 2005, Russell, 2012). Foi demonstrado que, nalguns ecossistemas florestais, as espécies invasivas são mais o produto do que o agente da mudança (Rogers *et al.*, 2008). No contexto das alterações globais, é provável que a agressividade de muitas espécies exóticas invasoras aumente, com potenciais efeitos de retroação para várias componentes das alterações globais, como a emissão de carbono, a dinâmica dos nutrientes, etc. (Dukes e Mooney 1999)

Está bem documentado que as espécies exóticas invasoras são a segunda maior ameaça à diversidade biológica a nível mundial e as maiores ameaças em muitos ecossistemas insulares, havendo também enormes perdas incorridas devido aos impactos das espécies invasoras (GISP, 2004). A Convenção sobre a Biodiversidade reconhece a importância desta questão global e apela às partes contratantes para que "impeçam a introdução, controlem ou erradiquem as espécies exóticas que ameaçam os ecossistemas, os habitats e as espécies", artigo 8º (h). Muitos governos, sectores comerciais, convenções internacionais e instrumentos institucionais estão a reconhecer a importância desta questão e a juntar-se aos esforços daqueles que já identificaram as EEI como um problema grave a várias escalas (Siwakoti, 2007).

As espécies invasivas estão amplamente distribuídas em todos os tipos de ecossistemas em todo o mundo e incluem todas as categorias de organismos vivos. As plantas, os mamíferos e os insectos constituem os tipos mais comuns de EEI em ambientes terrestres (Raghubanshi *et al.*, 2005). Nos últimos anos, o estabelecimento e a disseminação de espécies invasivas em áreas onde não ocorrem naturalmente estão a receber uma importância crescente por parte dos cientistas, dos decisores políticos e do público (Tiwari *et al.*, 2005).

As oportunidades e experiências recreativas do público têm sido gravemente degradadas pela rápida infestação de espécies invasivas, em muitos casos dificultando o acesso, reduzindo a qualidade e o prazer da recreação e diminuindo os valores estéticos das áreas de uso público (Thomas, 2003). Numerosos estudos demonstram o efeito dramático das espécies invasoras nos ecossistemas receptores (Mack *et al.*, 2000). No entanto, muitas espécies exóticas apoiam em grande medida o nosso sistema agrícola e florestal. A diversidade de factores climáticos, altimétricos e edáficos do Nepal favorece o estabelecimento de EEI provenientes de diferentes regiões do mundo e, por conseguinte, um grande número de espécies exóticas encontra-se naturalmente no Nepal como habitantes permanentes da flora nativa. Este facto tornou a conservação da diversidade biológica uma das necessidades urgentes do cenário atual (Thapa, 2008).

1.1.1 Ecologia

Os patos negros (BB) vivem geralmente em planícies e florestas abertas em manadas de 5 a 50 animais com um macho dominante. São muito rápidos. Foram registadas velocidades de mais de 80 km/h (50 mph). Estes corços utilizam as terras cultivadas como habitat e preferem permanecer perto das aldeias protectoras. A espécie habita em pastagens e em terrenos pouco arborizados. Este antílope nunca entra em florestas nem em ervas altas e raramente é visto entre arbustos. O antílope parece não ter horas específicas para se alimentar, embora geralmente descanse de manhã e ao fim do dia. Necessitam de água diariamente, o que restringe a sua distribuição a áreas onde existe água à superfície durante a maior parte do ano. Partilham as pastagens comuns com o gado da aldeia e, em vez de entrarem nas zonas florestais limítrofes para continuarem a sua vida no habitat selvagem, preferem evitar essas florestas e permanecer confinados aos locais da aldeia e aos campos cultivados.

Normalmente, alimentam-se durante o dia. A sua dieta consiste principalmente em gramíneas, mas ocasionalmente foram observados a pastar em acácias na estação seca. Na BCA, foram observados a alimentarem-se de vagens de *Bombax, Dalbergia* durante os períodos de baixa qualidade da forragem. As fêmeas atingem a maturidade sexual por volta dos 1,5-2 anos de idade e, após um período de gestação de cinco a seis meses, nasce uma única cria (é possível que nasçam duas, mas é raro). A maior parte dos nascimentos no Nepal ocorre entre fevereiro e abril (Magh e Baisakh). A esperança de vida máxima registada é de 16 anos e a média é de 12 anos. O seu principal predador era o extinto leopardo. Atualmente, as hienas (*Hyaena hyaena)* são os principais predadores, tanto de crias como de adultos. As crias são também caçadas por chacais. Os cães das aldeias matam os juvenis, mas é pouco provável que consigam caçar e matar os adultos (Relatório Anual da BCA, 2014). É facilmente adaptável a terrenos baldios, terrenos agrícolas marginais e zonas cultivadas. O antílope tem o hábito de, ocasionalmente, saltar para o ar, com todos os membros de uma manada geralmente a saltarem, um após o outro. Isto acontece antes de se sentirem muito assustados e quando a manada começa a deslocar-se. Quando em velocidade, o galope é como o de qualquer outro animal. Ocasionalmente, estes antílopes escondem-se em ervas ou plantações, e os animais feridos não raramente se escondem. Também as crias jovens são geralmente escondidas pelas mães. O único som que o macho emite é um grunhido peculiar que faz quando está excitado; as fêmeas têm uma nota de alarme sibilante. Tal como a maioria dos outros antílopes, depositam o seu estrume repetidamente no mesmo local. Durante os meses de primavera, o macho separa frequentemente uma determinada fêmea da manada e não permite que ela volte a juntar-se a ela, cortando-a e interceptando todas as tentativas de se misturar com as restantes. Os dois também são frequentemente encontrados sozinhos, mas quando são seguidos voltam sempre a juntar-se à manada (India Biodiversity Portal, 2012).

1.2 . Justificação

O Nepal é famoso em todo o mundo, uma vez que varia de baixa a alta altitude. Mas a perda de biodiversidade tem vindo a tornar-se um problema grave no contexto do Nepal, uma vez que resulta da fragmentação do habitat, das perturbações do ecossistema, da invasão biológica e das alterações climáticas (Lekhak e Lekhak, 2003)

A introdução de plantas, insectos ou doenças EEI num novo ambiente sem o seu controlo natural constitui um problema mundial. Ameaçam a biodiversidade, o rendimento agrícola, o comércio, os planos de desenvolvimento, as infra-estruturas e até a saúde. A IUCN estima o custo global das invasoras em 400 mil milhões de dólares por ano em danos, produção de lotes e medidas de controlo (CABI, 2004). As oportunidades e experiências de recreio público têm sido gravemente degradadas pela rápida infestação de espécies invasoras, em muitos casos dificultando o acesso, reduzindo a qualidade e o prazer do recreio e diminuindo os valores estéticos das áreas de uso público (Thomas, 2003).

As espécies exóticas invasoras são uma questão transversal e constituem atualmente uma preocupação mundial devido aos seus graves impactos económicos, sociais e ecológicos. As EEI são particularmente graves no mundo em desenvolvimento, onde estão a agravar uma multiplicidade de problemas que afectam os meios de subsistência. No entanto, em muitos países e regiões, a falta de dados quantitativos sobre o impacto e de uma medida da escala do problema está a impedir a adoção de medidas adequadas a nível nacional. É necessário experimentar tecnologias de controlo adequadas (Ellison *et al.*, 2004).

Está bem documentado que as espécies invasivas constituem a segunda maior ameaça à diversidade biológica a nível mundial e a maior ameaça em muitos ecossistemas insulares. Os impactos das espécies invasivas provocam também enormes perdas económicas. A Convenção sobre a Diversidade Biológica (CDB) reconhece a importância desta questão global e apela às partes contratantes para que "previnam a introdução, controlem ou erradiquem as espécies exóticas que ameaçam o ecossistema, o habitat e as espécies" Artigo 8 (h) Muitos governos, secções comerciais, instrumentos internacionais convencionais e institucionais estão a reconhecer a importância desta questão e estão a juntar-se aos esforços daqueles que já identificaram as EEI como um problema grave a várias escalas. A sensibilização para esta questão continua a aumentar (Neville, 2001).

O impacto ambiental em diferentes ecossistemas naturais já foi causado por algumas espécies, mas as perdas reais causadas pelas EEI ainda não foram quantificadas. No agro-ecossistema, os agricultores sofreram perdas notáveis de rendimento e de culturas devido à invasão de várias espécies exóticas. A invasão de espécies exóticas reduz a probabilidade e os serviços ambientais nos ecossistemas aquáticos e terrestres (Ciruna *et al.*, 2004).

A bio-invasão pode ser considerada uma componente significativa das alterações globais e uma das principais causas de extinção de espécies (Darke *et al.*, 1989). Algumas espécies infestantes dominam campos de cultivo, florestas, terrenos baldios e terras marginais. Algumas das espécies têm um crescimento luxuriante e suprimem o crescimento de outras espécies nativas. O resultado é uma perda da diversidade da flora nativa do país. A ameaça que estas plantas invasoras representam para o habitat natural está a tornar-se uma grande preocupação para os conservacionistas, ecologistas, etc. A propagação das EEI está a criar desafios complexos e de grande alcance que ameaçam tanto a riqueza biológica natural da terra como o bem-estar dos seus cidadãos. A área de conservação do pato-preto (BCA) tem estado a proporcionar um habitat adequado para a última população selvagem do pato-preto (BB) em perigo de extinção. Uma vez que a área é muito isolada, é necessário que a terra disponível forneça o máximo de recursos. Se este último fragmento de habitat for invadido por espécies alóctones invasivas, é provável que a população viável de BB possa enfrentar uma ameaça significativa devido às EEI. Por isso, esta avaliação foi realizada para fornecer uma descrição e categorização bem-sucedidas das plantas não-nativas que estão a invadir a BCA. A fim de reduzir a invasão adicional de áreas naturais por plantas não-nativas, a investigação contribuirá para a informação de base sobre o estado atual das espécies exóticas de carácter invasor. Espera-se que o estudo seja benéfico para os decisores políticos e para os agentes de desenvolvimento interessados na biodiversidade.

1.3 Objetivo

1.3.1 Objetivo geral
O objetivo geral do estudo é avaliar o impacto das espécies invasoras no habitat do pato-negro na área de estudo.

1.3.2 . Objectivos específicos
-   Elaborar uma lista de controlo das espécies exóticas invasoras

-   Avaliar o estado e a distribuição das espécies invasivas

-   Documentar as práticas existentes de controlo das espécies invasoras

1.4 Organização do relatório

Esta tese contém cinco capítulos. O capítulo 1 inclui os antecedentes, a justificação do estudo e os objectivos, a revisão da literatura no capítulo 2, o material e os métodos no capítulo 3, os resultados e a discussão no capítulo 4 e a conclusão e as recomendações no capítulo 5.

CAPÍTULO 2

REVISÃO DA LITERATURA

Os animais e plantas introduzidos numa área onde não ocorrem naturalmente são considerados exóticos ou não nativos. A propagação de EEI é atualmente reconhecida como uma das maiores ameaças ao ecossistema. A Lei de Proteção das Plantas de 1972, a Regra de Proteção das Plantas de 1974, a Estratégia de Biodiversidade do Nepal de 2002, a Política Nacional de 2003 e o Décimo Plano Quinquenal de 2002-2007 mostram o empenho do governo e do povo do Nepal na proteção e utilização sensata da diversidade biológica e dos recursos numa base sustentável. Esta lei não contém disposições directas para controlar a invasão de espécies vegetais exóticas. No entanto, tais restrições contribuem indiretamente para evitar a introdução de novas plantas invasoras ou para reduzir a invasão das já existentes.

2.1 As piores espécies de plantas exóticas invasoras do mundo

Lowe *et al.*, 2000 identificaram as piores espécies de plantas exóticas invasoras do mundo, seleccionadas a partir da Base de Dados Global de Espécies Invasoras. Estas espécies de plantas exóticas invasoras são ilustradas de seguida.

Quadro 1: Lista de espécies de plantas exóticas invasoras do mundo

Aquatic plants	Japanese knotweed (*Polygonum cuspidatum*)
(*Caulerapa taxifolia*)	*nerianum*)
Common cord-grass (*Spartina anglica*)	Koster's curse (*Clidemia hirta*)
Wakame seaweed (*Undaria pinnatifida*)	kudzu (*Pueraria montana var. lobata*)
Water hyacinth (*Eichhornia crassipes*)	Lantana (*Lantana camara*)
Terrestrial plants	Leafy spurge (*Euphorbia esula*)
African tulip tree (*Spathodea campanulata*)	Leucaena (*Leucaena leucocephala*)
Black wattle (*Acacia mearnsii*)	Melaleuca (*Melaleuca quinquenervia*)
Brazilian pepper tree (*Schinus terebinthifolius*)	Mesquite (*Prosopis glandulosa*)
Cogon grass (*Imperata cylindrical*)	Miconia (*Miconia calvescens*)
Cluster pine (*Pinus pinaster*)	Mile-a-minute weed (*Mikania micrantha*)
Erect pricklypear (*Opuntia stricta*)	Mimosa (*Mimosa pigra*)
Fire tree (*Myrica faya*)	Privet (*Ligustrum robustum*)
	Pumpwood (*Cecropia peltata*)

Giant reed (*Arundo donax*)	Purple loosestrife (*Lythrum salicaria*)
Gorse (*Ulex europaeus*)	Quinine tree (*Cinchona pubescens*)
Hiptage (*Hiptage benghalensis*)	Shoebutton ardisia (*Ardisia elliptiCaulerpa*)
Siam weed (*Chromolaena odoratum*)	Yellow Himalayan raspberry (*Rubus ellipticus*)
Strawberry guava (*Psidium cattleianum*)	
Tamarisk (*Tamarix ramosissima*)	
Wedelia (*Wedelia trilobata*)	

2.2 Características do carácter invasivo

As plantas invasivas propagam-se através de sementes, crescimento vegetativo (produzindo novas plantas a partir de rizomas, rebentos, tubérculos, etc.) ou ambos. As sementes, raízes e outros fragmentos de plantas são frequentemente dispersos pelo vento, pela água e pela vida selvagem. As pessoas também contribuem para a disseminação de plantas invasivas, transportando sementes e outras partes de plantas em panos e equipamentos. As espécies invasivas podem levar à fragmentação, destruição, alteração e mesmo à substituição completa dos habitats. Por sua vez, estes efeitos nos habitats resultam frequentemente em consequências para um número ainda maior de espécies e processos ecossistémicos, levando ao colapso funcional do ecossistema nativo. Estas plantas exóticas invasoras caracterizam-se por (http://www.nps.gov/plants/alien)

- Competir com espécies raras e ameaçadas de extinção e substituí-las

- Invadir o habitat limitado de espécies raras e ameaçadas de extinção

- Reduzir ou eliminar comunidades de plantas nativas localizadas ou especializadas, como as comunidades de plantas efémeras de primavera

- Perturbar as associações inseto-planta necessárias para a dispersão de sementes de plantas autóctones

- Perturbar as relações entre plantas nativas e polinizadores

- Reduzir e eliminar plantas hospedeiras de insectos nativos e de outros animais selvagens

- Hibridizar com espécies de plantas nativas, alterando a sua composição genética

- Servir como reservatórios de plantas patogénicas e outros organismos que podem infetar e danificar plantas nativas e ornamentais desejáveis

- Substituir alimentos nutritivos de plantas nativas por fontes de qualidade inferior

- Aumentar a incidência de doenças das plantas e de stress nas zonas florestais

- Impedir a sementeira de árvores e arbustos autóctones

- Reduzir o vigor das árvores maduras através do sombreamento

- Reduzir a quantidade de espaço, água, luz solar e nutrientes que estariam disponíveis para as espécies nativas

- Aumento da erosão ao longo das margens dos cursos de água, das linhas costeiras e das bermas das estradas

- Alterar as características da estrutura e da química do solo

- Alterar o fluxo e as condições hidrológicas

- Reduzir a biodiversidade

- A invasão de espécies em perigo e ameaçadas de extinção e dos seus hábitos

- Destruição do habitat de insectos, aves e outros animais selvagens nativos

- Perda de fontes de alimento para a vida selvagem

- Alterar os processos ecológicos naturais, como a sucessão de comunidades vegetais

- Alteração da frequência e intensidade dos incêndios naturais

- Perturbação da associação planta-animal autóctone, como a polinização, a dispersão de sementes e as relações planta-hospedeiro

2.3 Tornar as espécies exóticas invasoras

O rápido crescimento do comércio e das viagens em todo o mundo aumentou significativamente o ritmo a que novas espécies são deslocadas intencionalmente ou não intencionalmente em todo o globo. Quando estas espécies se estabelecem, os impactos económicos e ambientais adversos aumentam. Prevê-se que cerca de 8.000 espécies de plantas comercializadas ou não comercializadas sejam ervas daninhas agrícolas, das quais cerca de 2.500 espécies são consideradas potencialmente perigosas (Yaduraj *et al.*, 2000). *A Prosopis juliflora*, uma planta nativa da América Central e do Sul, foi introduzida na Índia em 1880 para resolver a crise aguda de lenha e recuperar terrenos baldios e dunas de areia. Satisfazia as necessidades de lenha de milhões de agregados familiares na Índia, mas foi registada como erva daninha em muitos outros países como as Filipinas, Srilanka e Sudão (Baguinon *et al.*, 2003). *A Leucaena* leucophala, que foi introduzida no Nepal para fins agro-florestais, tornou-se agora invasora no distrito de Palpa (Tiwari *et al.*, 2005). Estes são bons exemplos para alertar para o possível perigo de tornar invasivas espécies exóticas que foram introduzidas para melhorar o ambiente. No Nepal, a *Lantana Camara* e a *Chromolaena odorata* são espécies exóticas que mais tarde se tornaram invasivas (Tiwari *et al.*, 2005).

2.4 Impacto das Plantas Exóticas Invasoras na Flora Nativa

Os organismos invasivos não nativos são uma das maiores ameaças ao ecossistema natural e estão a destruir as plantas nativas. Estas plantas indesejáveis estão a perturbar a ecologia do ecossistema natural, deslocando as plantas nativas e degradando os recursos biológicos únicos e diversificados do país. As invasoras agressivas reduzem a quantidade de luz, água, nutrientes e espaço disponível para as espécies nativas, alteram o padrão hidrológico, a química do solo, a capacidade de retenção de humidade e a erodibilidade, e alteram os regimes de fogo (Randall, 1996). Na Mauritânia e no Havai, *o Psidium cattleinum espalhou-se de* tal forma que domina grandes extensões de floresta húmida de folha persistente (Lorence e Sussman, 1986; Smith, 1989) e substituiu grande parte da vegetação nativa por vegetação estranha, mas de reprodução vigorosa. As espécies de acácia espalharam-se por grandes áreas de planícies e *fynbos montanhosos* na África do Sul, formando frequentemente povoamentos com poucas outras espécies presentes, o que levou a uma redução da biodiversidade (Stirton, 1980). A erva daninha *Mikania proliferou* rapidamente em árvores florestais, prados e zonas húmidas da Reserva de Vida Selvagem de Koshi Tappu, que foi mais seriamente invadida no lado oriental (distrito de Sunsari) do que no lado ocidental (distritos de Saptari e Udaypur) (Siwakoti, 2007). As plantas individuais podem libertar até 40 000 sementes viáveis em cada fragmento de caule, que é capaz de se transformar em novas plantas numa área húmida (Tiwari *et al.*, 2005)

2.5 Impacto das plantas exóticas invasoras na fauna autóctone

A fauna autóctone, incluindo insectos, aves, mamíferos, répteis, peixes e outros animais, depende das plantas autóctones para se alimentar e abrigar. Enquanto alguns animais têm uma dieta variada e podem alimentar-se de um grande número de espécies de plantas, outros são altamente especializados e podem limitar-se a alimentar-se de várias ou de uma única espécie de planta. A invasão por *Lantana camara*, que forma densos povoamentos impenetráveis nos Galopogos, ameaça remover o local de reprodução de uma ave ameaçada de extinção, a *pterodroma* (*Pterodroma phaeopygia*) (Cruz *et al.*, 1986). *A Casuarina equisetifolia* espalhou-se a tal ponto nas zonas costeiras da Flórida (bem como noutras zonas) que está a interferir com a nidificação de tartarugas marinhas (*Caretta caretta*) e crocodilos americanos (*Crocodylus acutus*) (Austin,1978 e Macdonld *et al.*, 1988). O aumento das espécies de plantas exóticas invasoras pode afetar diretamente as espécies faunísticas importantes.

Através de plantas exóticas que estão a criar problemas na preservação do ecossistema nativo na CNP e na sua zona tampão, estes problemas não são considerados seriamente (Sapkota, 2007).

2.6 Espécies exóticas invasoras no Nepal

A invasão biológica a nível mundial ameaça a biodiversidade, a dinâmica dos ecossistemas, a disponibilidade de recursos, a economia nacional e a saúde humana (Ricciardi *et al.*, 2000). Trata-se de um problema ambiental generalizado e oneroso (Larson *et al.*, 2001). A Convenção sobre a Diversidade Biológica (CDB), de que o Nepal e 177 outros países são parte, apela aos governos para que impeçam a introdução, controlem ou erradiquem as espécies exóticas que ameaçam o ecossistema, o habitat ou as espécies (artigo 8.º da CDB).

No entanto, as abordagens adoptadas para combater este fenómeno e mesmo a data em que se devem basear são claramente inadequadas para lidar com o ataque de espécies invasoras no Nepal. Há muito que são introduzidas árvores exóticas para fins de silvicultura comercial, agro-silvicultura e controlo da erosão ou paisagismo. Até à data, o Nepal tem respondido às espécies exóticas invasoras nos últimos anos, após o cenário de grandes ameaças à biodiversidade por parte das EEI. Um inventário e avaliação recentes realizados pela UICN (2004) no Nepal identificaram 166 espécies diferentes de plantas invasoras não nativas que se encontram tanto em áreas biologicamente ricas como em paisagens dominadas pelo homem, como florestas, pousios, pastagens, terras de cultivo e zonas húmidas do Nepal (Tiwari *et al.*, 2005). Entre as espécies invasoras exóticas registadas, as espécies invasoras de alto risco incluem seis espécies. *Ageratina adenophora, Chromolaena odorata, Eichhornia crassipes, Ipomea carnea, Lantena camara e Mikania micrantha.* As espécies invasoras de risco médio incluem três espécies: *Altenanthera philoxeriodes, Myriophyllum aquaticum e parthenium hysterophorous.* As invasoras de baixo risco incluem sete espécies: *Ageratum conyzoides, Amaranthus spinosus, Agemone Mexicana, Cassia tora, Hyptis suaveolens, Leersia hexandra e Pistia stratiotes.* As invasoras de risco insignificante incluem cinco espécies: *Bidens pilosa, Cassia occidentalis, Mimosa pudica, Oxalis latifolia e Xanthium strumarium.* A introdução de espécies exóticas está a conduzir à destruição de habitats e ao empobrecimento das espécies nativas. A maioria das espécies invasoras é de origem neo-tropical (América do Sul) e foi introduzida através de numerosas vias. Para além das espécies exóticas, algumas espécies nativas também apresentam tendências de crescimento invasivo nas suas áreas de distribuição nativas, frequentemente como resposta a perturbações naturais ou causadas pelo homem.

Exemplos de espécies nativas com carácter invasor incluem *Rubus ellipticus e Polygonum perfoliatum* (Siwakoti, 2007).

No entanto, o Nepal não dispõe, até à data, de uma instituição específica responsável pelas EEI, pelo que este continua a ser um problema ambiental negligenciado. As agências governamentais que são designadas como ponto focal para várias convenções/acordos ambientais globais estão mandatadas para cumprir as obrigações relacionadas com as EEI. Faltam regulamentos específicos, manuais, directrizes, laboratório e capacidade taxonómica, etc., para a identificação das EEI (Tiwari *et al.*,

2005).

2.7 . Controlo de plantas exóticas invasoras

Para prevenir os impactos adversos das espécies de plantas invasoras no ecossistema natural, as sugestões possíveis são: i) aumentar a consciencialização entre os plantadores, os produtores e o público; ii) desenvolver uma base de dados sobre espécies invasoras; iii) quantificar a abundância das espécies; iv) desenvolver métodos de erradicação ambientalmente correctos; e v) introduzir a quarentena, a legislação e a regulamentação necessárias sobre a propagação das plantas invasoras (Hossain e Pasha, 2001). É agora amplamente aceite que o controlo de organismos exóticos invasores não é um esforço a curto prazo ou pontual. Pelo contrário, exige uma vigilância pormenorizada e um acompanhamento contínuo, investigação e pesquisa sobre a opção de controlo mais adequada a longo prazo e a manutenção de uma estratégia de controlo uma vez posta em prática. As opções variam de mecânicas (incluindo a escavação dos sistemas radiculares, o corte, o corte e o descasque das plantas exóticas) a químicas (utilização de herbicidas aceitáveis e testados) e biológicas (utilização de insectos ou agentes patogénicos específicos das plantas para danificar e controlar as plantas exóticas). No entanto, estas opções são geralmente incorporadas em programas de controlo integrado (empregando uma combinação dos métodos e técnicas mencionados). Em última análise, todos estes esforços e combinações de abordagens visam uma solução sustentável para um problema cada vez maior (Foxcroft,2001).A melhor forma de reduzir a invasão de plantas é concentrar-se na prevenção da introdução de espécies não nativas, na gestão das infestações existentes, na minimização das perturbações nas florestas, zonas húmidas, barrens e outras comunidades naturais, e aprender a trabalhar com, e não contra (http://www.nps.gov/plants/alien/).

O Nepal possui uma diversidade ecológica e as plantas exóticas invasoras estão a homogeneizar as terras do Nepal. O problema da propagação das espécies exóticas invasoras e o seu impacto na biodiversidade e na ecologia nativas ainda não foram estudados. Por conseguinte, é crucial avaliar o estado e o impacto das plantas exóticas no país. É necessário desenvolver e aplicar estratégias e acções em matéria de EEI em ecossistemas geográfica e evolutivamente isolados, o que constitui uma prioridade urgente.

CAPÍTULO 3

METODOLOGIA DE INVESTIGAÇÃO

3.1 . Área de estudo

3.1.1. Zona de conservação do pato-preto

Apenas um local onde se encontra pato-negro selvagem (*Antilope cervicarpa*) no Nepal

- Área:16.95sq.km
- Área central: 5,26 km2
- Nove patos negros foram registados pela primeira vez em 1975 - o governo do Nepal declarou esta área como área BCA em 2009

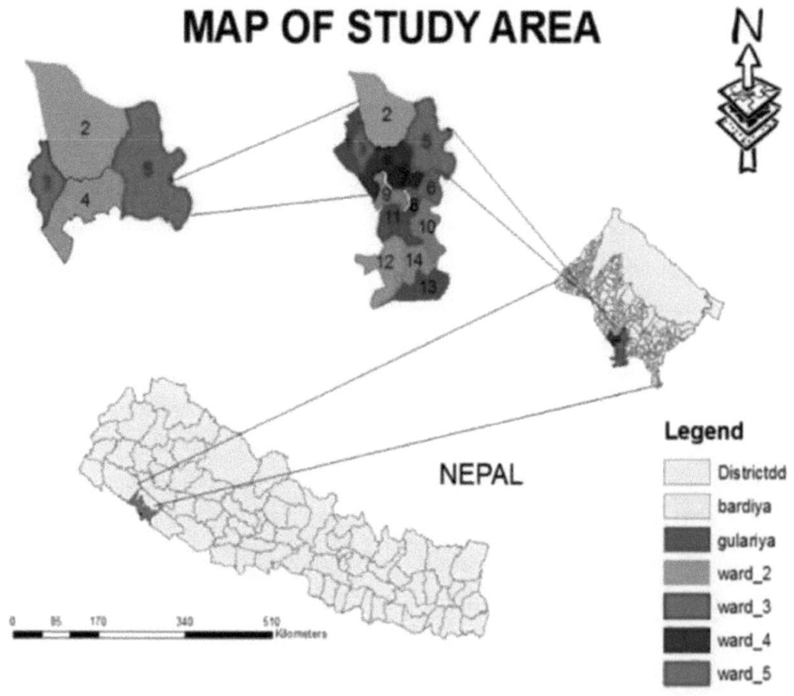

Figura 1: Mapa de localização da árca de estudo

3.1.2. Diversidade floral

A área central da BCA era a margem do antigo rio Babai. Os principais tipos de espécies de árvores: *Bombax ceiba, Dalbergia sissoo, Acacia catechu, Leucaena leucocephala, Azadirachta indica, Syzygium, Ficus religousa* foram encontradas na área protegida. Foram também encontrados diferentes tipos de espécies de gramíneas na zona de conservação, como *Cynodon dactylon, Imperata, Alternatharea, Fimbrisrysis, Cyperus e Saccharum.*

3.1.3. Diversidade faunística

A área é o lar de espécies ameaçadas de extinção, como o pato preto e a hiena. Há vários tipos de espécies dispersas nos prados de Khairapur. Estas são o pato-negro e a hiena, com o lagarto-monitor-dourado e a pitão-das-rochas, incluídos na lista de espécies ameaçadas de extinção, de acordo com a lei 2029 do DNPWC. A zona é o habitat de 13 espécies de mamíferos, 64 espécies de aves, 7 espécies de répteis, 2 espécies de anfíbios e 6 espécies de peixes (Relatório anual da BCA, 2014).

3.2 Metodologia do estudo

3.2.1. Conceção da amostragem

Foi adoptada uma amostragem sistemática com início aleatório. Para o estudo da vegetação, foram tomadas distâncias de 100m entre parcelas e 100m entre linhas. Utilizou-se um quadrado de 1m x 1m para as gramíneas e ervas (Khatri, 1993) e 10m x 10m para estudar o estado das invasoras.

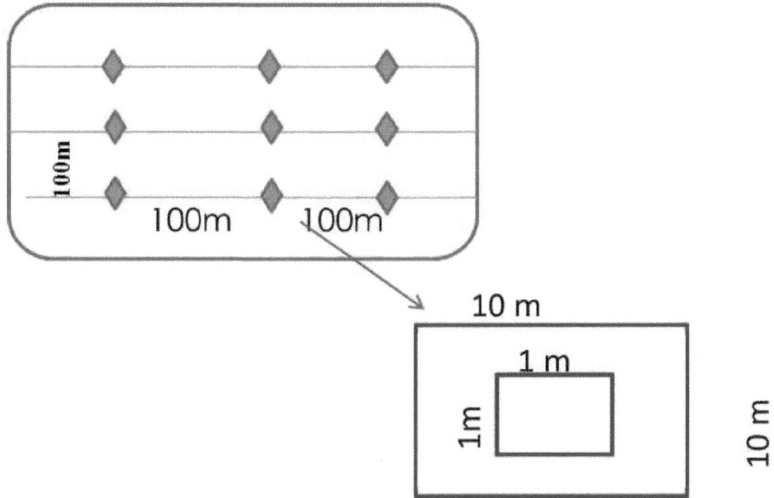

Figura 2: Desenho da parcela no terreno

1.1.2. Observação direta

Foi efectuado um levantamento ecológico para determinar o estado atual das EEI. Todas as espécies de plantas dentro de cada quadrado foram identificadas, contadas e também a percentagem de cobertura (estimativa ocular) foi recolhida das parcelas de amostragem. Numa parcela de 1mx1m, todas as espécies de gramíneas, incluindo as invasoras, foram contadas e a percentagem de cobertura foi registada. Os dados quantitativos, como a frequência e a cobertura, foram recolhidos das parcelas de amostragem e também foram observadas as medidas de controlo aplicadas na área de conservação.

1.3. Dados secundários:

Os dados secundários relativos a este estudo foram recolhidos através de revistas, publicações e relatórios de pesquisa bibliográfica relevantes da BCA. Para além disso, foram utilizados como fonte secundária de dados os gabinetes governamentais e as instituições envolvidas, tais como o Ministério das Florestas e da Conservação dos Solos (MOFSC), o Departamento de Parques Nacionais, o Departamento de Conservação das Florestas e da Vida Selvagem (DNPWC), a IUCN (União Mundial para a Conservação), a NTNC (National Trust for Nature Conservation), a Organização Não Governamental (ONG), etc., e outras agências envolvidas.

1.4. Aspeto técnico

Preparação do mapa

A localização das espécies invasivas foi registada no terreno com recurso a GPS (Global Positioning System) e o mapa foi elaborado com recurso ao software Arc GIS 10.2.1.

1.5. Análise dos dados

Os dados recolhidos foram tabulados, processados e analisados qualitativamente utilizando o Microsoft Excel 2010. Para cada espécie, os dados foram analisados para avaliar a densidade, densidade relativa, frequência, frequência relativa, cobertura, cobertura relativa e diversidade de Simpson. E os dados foram apresentados na forma de gráfico, diagrama de barras. As seguintes características quantitativas da vegetação foram determinadas usando a seguinte fórmula dada por Zobel *et al.*, 1987.

Densidade e Densidade Relativa

A densidade refere-se ao número de indivíduos por unidade de área. A densidade é normalmente utilizada para plantas de grande porte que têm indivíduos discretos.

Density of species   =   Total no. of individual   species
____
Total no. of plot sampled x size of a plot

Relative density   =   Density of a species   * 100
____
Total density of all species

Frequency = Total number of quadrates in which a particular species occurs ×100
Total number of quadrates sampled

Frequência e frequência relativa

A frequência de uma espécie é a percentagem de quadrículas em que essa espécie ocorre. Fornece um índice sobre a distribuição espacial de uma espécie e é uma medida de abundância relativa.

Relative frequency = Frequency of a species   × 100
Sum of frequency values for all species

Cobertura e cobertura relativa

Cover % = Approximate area covered by an individual × 100
Total number of plots sampled
Relative cover % = Cover of individual species × 100
Total cover of all species

O Índice de Valor Importante (IVI) é um índice de importância da vegetação de qualquer espécie para expressar a sucessão ecológica com um único valor dentro de um povoamento. É a função da Densidade Relativa (DR), da Frequência Relativa (FR) e da Cobertura Relativa (CR). Este índice fornece uma base quantitativa para a classificação da comunidade. Índice de Valor de Importância (IVI) = RD+RF+RC

Concentração de dominância 'D' (Simpson 1949) O índice de Simpson 'D' foi calculado através da fórmula 'D=1-S pi^2 , em que pi representa a proporção de abundância da espécie i[th] na comunidade.

1.6. Limitações do estudo

A nossa visita de campo ocorreu logo após a época de colheita na zona, o que pode ter causado uma sub-representação das EEI presentes na zona.

CAPÍTULO 4

RESULTADOS E DISCUSSÃO

4.1. Diversidade de ervas e arbustos na Área de Conservação de Blackbuck

Com os nossos esforços de levantamento, conseguimos identificar 50 espécies diferentes de ervas e arbustos.

Quadro 2: Ilustra a diversidade de ervas e arbustos na BCA

1	Local Name	Scientific Name
2	Siru	*Imperata cylindrical*
3	Chamarvadi	
4	Dubo	*Cynodon dactylon*
5	Tinpate	*Sida spp.*
6	Red Dana Jhusi	
7	Green Dana Jhusi	
8	White Ful Jhusi	
9	Red ful jhusi	
10	Bandari	
11	Kathkari	
12	Dudhiya	*Euphorbia hirta*
13	Panchuniya	
14	Ghumma	*Argemone mexicana*
15	Sulsulae	*Colebrookia oppositifolia*
16	Bantil	
17	Siuri	
18	Kash	*Saccarum spontanum*
19	Chariamilo	*Oxalis latifolia*
20	Janewa	*Fimbrisrysis dichotoma*
21	Hada	*Kyllinga brevifoliarottb*
22	Dhodi	*Equisetum debile*
23	Baksa	
24	Pankhara	*Alternathrea sesselis*
25	Khadardar	
26	Gandhay Jhar	*Ageratum conyzoides*
27	Pani dubo	

28	Mothay	*Cyperus rotundus*
29	Nuro sag	
30	Karmuwa	
31	Jalkumbi	*Eichhornia crassipes*
32	Harauwa	*Ludwigia perennis*
33	Chauri ghas	
34	Woiya	
35	Tapre	*Cassia tora*
36	Makkara Ghas	
37	Kuro	*Chyrsopogon aciculatus*
38	Jarakosh	*Achnatherum hymenoids*
39	Godammay	
40	Koday Ghas	*Eleusine indica*
41	Lajjawati	*Mimosa pudica*
42	Kalo kuro	*Bildens pilosa*
43	Parthenium	*Parthenium hysterophous*
44	Bheday kuro	*Xanthium strumarium*
45	Kanthakari	*Solanium aculeatissimum*
46	Guturo	*Gycosmies*
47	Asharay	*Morriya joenibii*
48	Besharam	*Ipomoea carnea*
49	Bayer	*Zizyphus jujube*
50	Latjis	

4.2 IVI de gramíneas, incluindo as invasivas

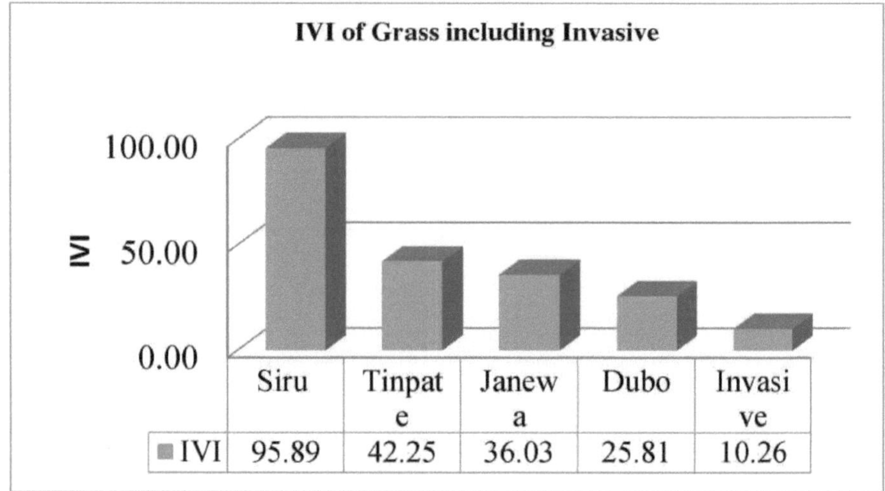

Figura 3: IVI de relva incluindo invasoras

Na Figura 3, *a Imperata cylindrical tem um* IVI de 95,89, o que mostra que 1/3 da área estudada está coberta por *Imperata cylindrical.* Apesar de não ser uma espécie muito preferida dos patos-negros, é a que tem maior preponderância. De acordo com Lowe et al., 2000, *a Imperata cylindrical* está incluída nas espécies invasoras mundiais, mas não foi classificada nas espécies invasoras do Nepal de acordo com Tiwari *et al.*, 2005. Assim, para controlar a espécie preferida do pato-preto, as medidas de controlo devem centrar-se na zona de dominância da *Imperata cylindrica.*

O IVI invasivo de 10,26 foi encontrado no estudo, o que se deve à variação sazonal e à colheita.

4.3. Plantas Exóticas Invasoras na Área de Conservação de Blackbuck

No total, 166 plantas exóticas estão permanentemente naturalizadas no Nepal (Tiwari *et al.,* 2005). A lista de nomes das espécies exóticas invasoras é preparada de acordo com a informação padrão (Tiwari *et al.,* 2005). Entre o total de espécies de plantas registadas, foram encontradas 14 espécies de plantas individuais com carácter invasor. Destas, 11 foram encontradas em terras terrestres e 3 em terras aquáticas.

Quadro 3: Lista de espécies de plantas invasoras estrangeiras na BCA

S.N	Local Name	Scientific Name	Family
1	Besharam	*Ipomoea carnea*	Convolvulaceae
2	Jal kumbhi	*Eichhornia crassipes*	Pontederiaceae
3	Parthenium	*Parthenium hysterophous*	Asteraceae
4	Gandhe	*Ageratum conyzoides*	Asteraceae
5	Kalo Kuro	*Bildens pilosa*	Asteraceae
6	Laggawati	*Mimosa pudica*	Fabaceae
7	Chari Amilo	*Oxalis latifolia*	Oxalidaceae
8	Bheday Kuro	*Xanthium strumarium*	Asteraceae
9	Ghumma	*Argemone mexicana*	Papuveraceae
10	Kanthakari	*Solanium aculeatissimum*	Solanaceae
11	Guturo	*Gycosmies*	Rubiaceae
12	Asharay	*Morriya joenibii*	Rubiaceae
13	Jarakosh	*Achnatherum hymenoids*	Poaceae
14	Tapre	*Cassia tora*	Fabaceae

Tabela 4: Estrutura quantitativa das espécies exóticas invasoras nos prados da BCA

S.N	Scientific Name	Family	Name of species	RD %	RF %	RC %	IVI
1	*Achnatherum hymenoids*	Poaceae	Jarakosh	69.70	17.42	0.76	87.89
2	*Cassia tora*	Fabaceae	Tapre	21.18	37.12	1.01	59.31
3	*Argemone mexicana*	Papuveraceae	Ghumma Jhar	2.70	15.15	0.25	18.10
4	*Ageratum conyzoides*	Asteraceae	Gandhay	2.78	8.33	0.20	11.31
5	*Gycosmies*	Rubiaceae	Guturo	2.02	7.58	0.12	9.71
6	*Morriya joenibii*	Rubiaceae	Asharay	0.72	7.58	0.06	8.36
7	*Parthenium hysterophous*	Asteraceae	Parthenium	0.47	3.03	0.03	3.53
8	*Solanium aculeatissimum*	Solanaceae	Kanthakar	0.22	1.52	0.01	1.75
9	*Xanthium strumarium*	Asteraceae	Bheday kuro	0.13	0.76	0.01	0.90
10	*Mimosa pudica*	Fabaceae	Lajjawati	0.04	0.76	0.00	0.80
11	*Bildens pilosa*	Asteraceae	Kalo kuro	0.03	0.76	0.01	0.80

RF - Frequência Relativa, RD - Densidade Relativa, RD - Densidade Relativa, IVI - Índice de Valor Importante

No quadro 4, entre todas as espécies invasoras, a *Achnatherum hymenoides* tem um IVI relativamente mais elevado. Embora a RF e a RC de Jarakosh sejam mais pequenas do que as de Tapre, a sua RD é mais elevada, o que constitui a principal razão para o IVI mais elevado de *Achnatherum hymenoids*. *Achnatherum hymenoides* e *Cassia tora* foram seguidos por *Argemone mexicana* e *Ageratum conyzoides*. No entanto, *Bildens pilosa*, *Mimosa pudica* e *Xanthium strumarium* tiveram um índice de valor comparativamente menos importante.

Entre estas espécies, a família Asteraceae é mais frequente nos prados da BCA.

4.4 Cobertura de Invasoras em Terrenos Aquáticos

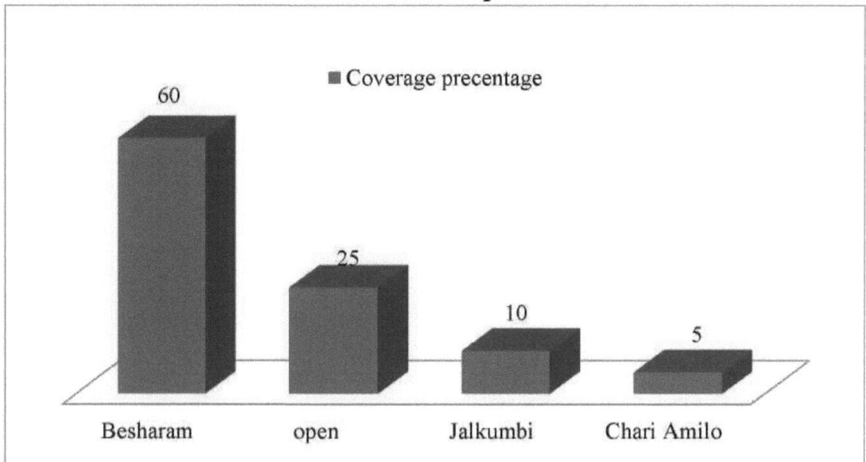

Figura 4: Cobertura de espécies exóticas invasoras em meio aquático

Entre estas, *a Ipomoea carnea* (Besharam) é a que apresenta maior cobertura, com 60%, seguida da *Eichhornia crassipes* (Jalkumbi) e da *Oxalis latifolia* (Chari Amilo). E apenas 25% da área é aberta. Como mostra a Figura 4.

4.5. Distribuição das espécies exóticas invasoras na BCA

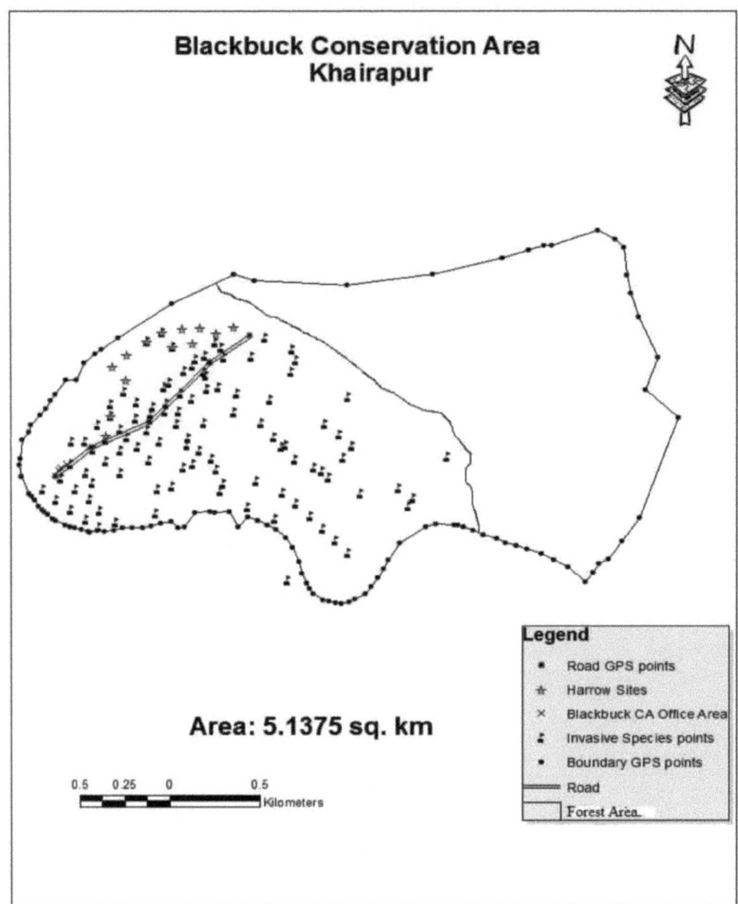

Figura 5: Distribuição das espécies exóticas invasoras na BCA

Entre as 159 parcelas amostradas, 106 parcelas foram encontradas invadidas por EEI. 11 parcelas foram arroteadas e outras estão livres de EEI.

4.6. Medida de controlo existente

Até à data, o Nepal não tomou qualquer medida significativa em matéria de controlo e gestão de espécies exóticas invasoras, exceto alguma documentação sobre a erva daninha, apesar de esta ser altamente invasora. As autoridades do parque na zona de conservação de Blackbuck utilizaram os seguintes métodos para controlar as espécies vegetais exóticas e invasoras

1. **Sickle weeding before flowering and seed** - Na área onde a gradagem não é possível, é feita a sacha por foice e isso é feito no mês de junho / setembro.

2. **Desenraizamento durante a fase inicial de crescimento (antes da floração e da frutificação)** - Também é efectuado nas zonas onde não é possível proceder à gradagem e onde o SAI é escasso. É efectuado nos meses de junho e setembro.

3. **Arroteamento na zona mais afetada** - Na zona onde existe uma IAS densa e aberta sem árvores. Isto é feito no mês de outubro/novembro.

4.7. Índice de Diversidade de Simpson

O índice de diversidade de Simpson é de 0,22, o que mostra que, embora exista uma diversidade de espécies, há uma grande predominância de *Imperata cylindrica*.

O valor da diversidade varia de 0 a 1. 0 indica ausência de diversidade e 1 indica uma diversidade elevada.

CAPÍTULO 5

CONCLUSÃO E RECOMENDAÇÃO

Conclusão

- Foram encontradas e identificadas 50 espécies individuais de ervas e arbustos na área de conservação de Blackbuck (BBC). Destas, 14 espécies individuais foram identificadas com características invasivas.
- *A Imperata cylindrica* é a espécie mais dominante na zona da BBC. Embora não seja a espécie mais preferida.
- Foram aplicadas três medidas diferentes para controlar o SAI, mas os estudos relativos à sua eficácia ainda não foram explorados.
- Entre as espécies invasoras, *Achnatherum hymenoids* (Jararakosh) foi encontrada com maior IVI e Sensative (Lajjawatijhar) planta com menor IVI.
- Nos terrenos aquáticos, *a Ipomoea carnea tem* a cobertura mais elevada e a *Oxalis latifolia* tem a cobertura mais baixa.

Recomendação

- Deve ser efectuado um estudo sazonal das espécies invasoras.
- A *Imperata cylindrica* não é a espécie preferida de BB, pelo que a área dominada por *Imperata* deve ser concentrada/priorizada durante a gradagem.
- O fogo controlado deve ser efectuado para controlar as espécies invasoras.
- É necessário um quadro jurídico eficaz para regulamentar, gerir e controlar a introdução de espécies exóticas.
- O conhecimento baseado nas espécies invasoras, como o seu comportamento, natureza, escala e intensidade de propagação e colonização, deve ser documentado para a sua gestão.

REFERÊNCIAS

Austin, D.F. 1978. Plantas exóticas e seus efeitos no sudeste da Flórida. Conservação ambiental, 5: 25 -34

Baguinon, N.T., Quimado, M.O. e Francisco, G.J. 2003. Forest invasive species in the Philippines. Relatório do país: Conferência sobre Espécies Invasoras Florestais da Ásia-Pacífico. Kunming, China.

BCA, 2014. Relatório anual, Khairapur, Bardia.

Ciruna, K.A, Mayerson, L.A e Gutlerres, A. 2004. The ecological and socio-economic impacts of invasive alien species in island water ecosystems. Relatório para a conservação da diversidade biológica em nome do programa global de espécies invasoras, Washington D.C.

Convenção sobre a Diversidade Biológica. 2008. Espécies exóticas que ameaçam ecossistemas, habitats ou espécies Artigo 8(h), Convenção sobre Diversidade Biológica, Nações Unidas.

Cruz, F.J. Cruz e Laweson, J. 1986. *Lantana camera* L., uma ameaça para as plantas e animais nativos, *Noticias de Galapogas*, 43:10-11

Diamond, J. e Case, T. J. 1986. Overview: Introduções, extinções, extermínios e invasões, In: Community Ecology (Eds). Harper & Raw Publishers, Nova Iorque.

Drake, J.A., Mooney, H. A., Di Castri, F., Groves, R. H., Kruger, F. J., Rejmanek, M. e Williamson, M. 1989. Biological invasion: Uma perspetiva global. Âmbito 37. Wiley, Chichester, Londres, Inglês.

Ehrenfeld JG. (2003) Effects of exotics plant invasions on soil nutrient cycling processes (Efeitos das invasões de plantas exóticas nos processos de ciclagem de nutrientes no solo). Ecosystem, 6, 503-523.

Ellison ,C.A .,Murphy S.T e Rabindra R.J.2005 .Facilitando o acesso dos países em desenvolvimento às técnicas clássicas de biocontrolo de plantas exóticas invasoras: as experiências indianas. Aspects of Applied Biology 75,2005 .Pathways Out of poverty.

Elton, C. S. 1958. The ecology of invasions by plants and animals. Meuthuen and Company, Londres.

Foxcroft, L. 2001. O parque nacional de Kruger aumenta os seus esforços para controlar as plantas invasoras alienígenas. *Alienígenas* 13.

GISP,(2004). Tropical Asian invaded the growing danger of invasive alien species. O Programa Global de Espécies Invasoras, 64 pp.

Gurivtch e Padillo.2004. Are invasive species a major causes of extinctions?

Hossain, M. K. e Pasha, M. K. 2001. Plantas exóticas invasoras no Bangladesh e seus impactos no ecossistema. *Alienígenas* 13.

Kennedy, T. A., Shahid, N., Katherine, M.H., Jokannes, M.H.K., David, T. e Peter, R. 2002. Biodivesity as a barrier to ecological invasion. *Natural* 417: 636-8.

Khatri, T.B. 1993. Status and Food habits of Nilgai (Bocclaphus tragocamelus) in Royal Bardia National Park. TESE DE MESTRADO, UNIVERSIDADE AGRÍCOLA DA NORUEGA. Tese, Universidade Agrícola da Noruega 66pp.

Larson, D.L., Anderson, P.J. e Newton, W. 2001. Invasoras alienígenas em pradarias de gramíneas mistas: Efeitos do tipo de vegetação e da perturbação antropogénica. *Ecol Appl* 11: 128-41

Lorence, D.H e Sussman, R.W. 1986. Invasão de espécies exóticas em remanescentes de floresta húmida de Maritus, Journal of Tropical Ecology, 2: 147-162.

Lowe S., M. Browne, S. Boudjelas, De M. Poorter, 2000. 100 of the World's Worst Invasive Alien Species (100 das piores espécies exóticas invasoras do mundo). A selection from the Global Invasive Species Database (www.issg.org acedido em 10th março, 2008).

Macdonals, I.A.W. e Frame, G. W. 1988. A invasão de espécies introduzidas em reservas naturais em savanas tropicais e bosques secos. *Biol.* Conserv. 44: 67-93.

Mack, R. N., Simberloff, D., Lonsdale, W.M., Evans, H., Clout, M. e Bazzaz, F.A. 2000. Biotic invasions: Causes, epidemiology, global consequences, and control. *Ecological Applications 10:689-710.*

Avaliação do Ecossistema do Milénio. 2005. Ecosystem and human wellbeings (Ecossistema e bem-estar humano). Washington, DC: Island Press, pp. 137

Mooney, H.A. e Hobbs, R.J. 2000. Invasive species in a changing world. Island (press, Washington, D.C.

Pimental, D., McNair, S., Janecka, J., Wightman, J., Simmonds, C., O'Connell, C., Wong, E., Russel, L., Zern, J., Aquino, T., e Tsomondo, T. 2000. Economics and environmental threatsof alien plant, animal and microbe invasions. *Agriculture, Ecosystem & Environment 84: 1-20.*

Raghubansi, A.S., Rai, L.C., Gaur, J. P. e Singh, J.S. 2005. Invasive alien species and biodiversity in India (Espécies exóticas invasoras e biodiversidade na Índia). Relatórios de reuniões.

Currents Science, Vol.88, No. 4.

Ricciardi, A., Steiner, W.W.M., R.N., e Simerloff, D. 2000. Towards a global information system for invasive species (Para um sistema de informação global sobre espécies invasivas). *Bioscience* 50(3): 239-44

Siwakoti,M.(2007): Mikania Weed: Um desafio para a conservação. Our Nature 5:70-74

Stirton, C.H., ed. 1980. Plant Invader: Beautiful but dangerous. Departamento de conservação natural e ambiental da administração provincial do Cabo, Cidade do Cabo.

Thapa, N. 2009. Assessment of Invasive Alien plants species of buffer zone of Chitwan National Park, Nepal. Relatório de mestrado apresentado como cumprimento parcial do grau de mestre. Instituto de Silvicultura, Campus de Pokhara, Nepal.

Thomas, D. F. 2003. Invasive species in the United States of America (Espécies invasoras nos Estados Unidos da América). Relatório do país. Relatório do país. Procedimentos da Conferência sobre Espécies Invasoras Florestais da Ásia-Pacífico. Kunming, China.

Tiwari, S., Adhakari, B., Siwakoti, M. e Subedi. K. 2005. An inventory and assessment of invasive alien plant species of Nepal, IUCN - The World Conservation Union, Nepal.

Van der Putten, W.H., Klironomos, J. N., Wardle, D. A. (2007): Microbial ecosystem of biological invasions, The International Society for Microbial Ecology.

Wilcove, D.S., Chen, L.Y.(1998): Management costs for endangered species. Conservation Bilog 12: 1405-1407.

Yaduraju, N.T., Bhowmik, P.C. e Kushwaha. S. 2000. The potential threat of aien weeds to agriculture and environment. At the cross road of the New Millennium. (eds) Tiwari *et al.*, 2005.

Zobel, D.B., Yadav, U.K., Jha, P.K., e Behan, M.J. 1987. A practical manual for ecology. Rani Printing Press, Kathmandu, Nepal.

Perfil das espécies

Local Name :Besharam
Scientific Name *: Ipomoea carnea ssp.fisulosa*
Common/English Name : Shrubby morning glory
Native : South America
Family :Convolvulaceae

Description	Erect or straggling shrub upto 3m high. Stem hollow, woody ,at base.
Ecological characterstics/Habitat	Plant grows well in moist habitats usually in lowlands. However it shows an exception ecological tolerance. A piece of steam could stabilized and grow as a fully developed plant. The plants often form tangling cover over ground vegetation or wetlands sites.
Biological characterstics: Reproduction, competitive ability, dispersal	Plants reproduces sexually by seeds as well as the plants spread vegetative through rooting of stem pieces. Due to its fast growing habit, people planted it along irrigation canal to check erosion or fenced around their cultivated lands. Once established it spread quickly through vegetative propagation.
Management information	Uprooting or cutting but it's difficult once established. It can be controlled by the chemical but have not practiced in Nepal.
Other region/country invaded	Nepal, India, China, Bangladesh
Uses	Fencing, firewood, green manure, construction material for the poor people's house.

<table>
<tr><td rowspan="5"></td><td>Local name   Chariamilo</td></tr>
<tr><td>Scientific name   Oxalis latifolia</td></tr>
<tr><td>Common/English name   Purple wood sorrel, broad-leaf wood sorrel</td></tr>
<tr><td>Native   Brazil</td></tr>
<tr><td>Family   Oxalidaceae</td></tr>
<tr><td>Description</td><td>A perennial, bulbous here. Stem less herb with basal bulb consisting of numerous ovoid bulbils.</td></tr>
<tr><td>Ecological characteristics/Habitat</td><td>The plant is a problematic agricultural weed in sub - tropical region of Nepal. Found in most home gardens and waste areas. Extremely difficult to control once well established. May cause oxalate poisoning in livestock if eaten.</td></tr>
<tr><td>Biological character :
Reproduction, competitive
Ability, dispersal</td><td>Main reproduction is by the bulbs, which are easily dispersed by any soil movement. The plant reproduction vegetatively by bulbils and sexually by seeds. The single bulbil is capable of producing mature plants. The plant spreads rapidly in agriculture fields such as during ploughing.</td></tr>
<tr><td>Management information</td><td>Through people remove the plants impossible because of large number of bulbils produced by single plants.</td></tr>
<tr><td>Other region/country invaded</td><td>Now occur all over the sub-tropical region of Nepal.</td></tr>
<tr><td>Uses</td><td>Young leaves are used as pickle, root is mixed with natural color to make colors fast. Also used in skin troubles. Good manure.</td></tr>
</table>

	Scientific name : Pontederia crassipes Mart.
	Common/English name :Water hycintha
	Native
	Family Pontederiaceae
Description	Perennial, stoloniferous herb, floating or rooting in mud; roots feathery. Leaves in basal rosette; petiole long, spongy, lower part becoming inflated; leaf blade rhombic to widely elliptic, 3.6-8.4 × 2.4-4.9cm, base cuneate, apex sub-acute. Inflorescence a terminal spike. Peduncle largely hidden by 2 sheathing membranous spathes; lower spathe bearing small leaf-like blade. Tepals pale mauve or pale voilet to light blue, occasionally white, upper most with yellow spot near base surrounded by darker mauve ring. Capsule 3-locular: many seeded.
Ecological characterstics/Habitat	It grows most prolifically in nutrient-enriched waters and forms small colonies, floating islands or extensive mats completely covering water surface that excludes most light and air for submerged organisms, thus depriving them of essentials for survival. It prevents peoples' access to water bodies for collecting water and fishes and provides habitat to disease vectors and vermin. It also increases evapotranspiration causing significant loss of water.
Management information	Hand pulling is common in Nepal.
Other region/country invaded	
Uses	Making compost, mulching in the potato field just after the plantation of potato seed to maintain the moisture of soil, fodder for pig, and a source of methane and alcohol.The plant obtains its nutrient from the water and has been used in waste water treatment facilities, but such a practice has not yet been reported in Nepal.

	Local Name : Lajjawati
	Scientific Name: Mimosa pudica
	Common Name/English : Sensitive plants
	Native : Tropical America
	Family :Fabaceae (Leguminosae)
Description	Annual diffuse, subshrub, stem .Stem and branches prickly. Flowers and fruits in August-December.
Ecological character /Habitat	The plants is community found in moist waste ground, in dry lawn and open plantation. It forms a dense ground cover preventing dissemination of other species.
Biological character: Reproduction, competitive ability, dispersal	The plants reproduces sexually by seeds. Seeds are dispersed usually by animal and human ,bristles of plod cling to fur and clothes that help seeds dispersal. When *Mimosa* starts spreading, it totally covers the ground surface causing threat to ground vegetation. A fire hazard may occur in dry seasons.
Management information	Simply by digging out, susceptible to several herbicides, including glyphosate, picloram, trcipyr, etc.
Other region/country invaded	Distributed in pacific Islands, India ocean islands, Australia, Taiwan, Cambodia, China, Indonesis, Japan, Malaysia, Philippines, Thailand, Vietnam etc.
Uses	Roots are used in asthma, fever, dysentery, abdominals pain and for skin diseases, cattle feed the plants.

	Local Name Kanthakari
	Scientific name *Solanum aculeatissimum*
	Common/English name Love apple
	Native Tropical and South North America
	Family Solanaceae
Description	Along ditches and roads, wastelands, grasslands, thickets, open forests. Herbs to subshrubs, erect, 1-2 m tall.
Ecological Characteristics/Habitat	It grows through out the world.
Biological characteristics: Reproduction, competitive ability, dispersal	Plants reproduces by seed.
Management information	Hand pulling and digging is common in Nepal
Other region/country invaded	Widespread in tropical Asia and Africa.
Uses	Fruit and root liquid for jaundice. The powder roots are used to treat toothache. Burning seeds produce a smoke that is said to relieve nose ulcer. Some parts of the plants are used in the production of steroids.

	Local Name Kanike ghans, Bethu ghans, Padke phul
	Scientific *Parthenium hysterophorus*
	Common/English name Bitter weed, Carrot grass, False ragweed, Fever few, Parthenium weed, Ragweed parthenium, White top, Santa maria
	Native Mexico
	Family Asteraceae (Compositae)
Ecological characteristics/Habitat	Parthenium hysterophorus aggressively colonises in disturbed sites, particularly along fallowlands and roadsides in tropical and sub- tropical regions. It can colonise degraded natural ecosystems and produce inhibitory effect on surrounding herbaceous vegetation.
Biological characteristics Reproduction, Competitive ability, dispersal	The plant pollen has parthenin, an incomplete antigen of Parthenium which when enters the human skin, combines with albumin in presence of ultraviolet rays and turns into a complete antigen. There will be antigen and antibody reaction thus causing photo phyto dermis. Such reactions will be seen over portions of the body exposed to the sun i.e. over the forehead, molar area, nose and chin, neck, hands and feet. The pollen, when comes in contact with the skin, can cause hypersensitivity reaction leading to oozing, crusting associated with pain and burning sensations.
Management information	Plants are removed manually.
Other region/country invaded	West Indies, Central and South America. Pantropical weed. Nepal (WCE, 75-1350 m).
Uses	The plant has not been for any purpose in Nepal.

	Local Name : Tapre
	Scientific *Cassia tora*
	Common/English Sicklesena
	Native South America
	Family Fabaceae (Leguminosae)
Description	Annual herb, 0.3 - 1m. Stipules linear, ca 5mm long. Leaves 5-8cm long; leaflets 2-3 pairs, obovate, 2-6 × 1-2.5cm, base obliquely cuneate, margin entire, apex obtuse or emarginated. Flowers axillary, solitary. Sepals obovate ca 5mm long. Petals yellow, obovate. Stamens usually 7, unequal. Pods linear cylindric, 13- 15cm.
Ecological Character	The plant is commonly found in dry wastelands, croplands and pastures. It produces large number of seed, which fall after maturation. So it is found in dense thickets.
Biological Character/ Reproductive ability	Plant reproduces sexually by seeds.
Management information	Hand pulled. Chemical Farmer of Morang district use 2- 4 D to control this weed.
Other region/country invaded	India, South America
Uses	Plant is used as firewood seeds are used to cure gastritis and used as antipyretic, antibiotic, antihypertensive and also reduce cholestore.

	Local Name Kalo kuro, Suere Kuro, Chumra, Nir (Chepang), Tsyathun (Gurung), Katare (Magar).
	Scientific Name Bidens pilosa L.
	Common Name/English Name Beggar's stick
	Native tropical America.
	Family Asteraceae (Compositae)
Description	Annual, erect, thinly hairy herb 20-100cm high Leaves opposite; petiole 1.5cm long; usually trifoliolate; leaflets ovate or elliptic, 0.5-2.5 × 0.4-1.4cm, base obtuse to attenuate, margin serrate, apex acuminate. Heads in peduncled corymbs; involucres 4-8mm in diameter; outer bracts linear, shorter than the acute broadly margined inner ones. Ray florets ligulate, white. Disc florets tubular, yellow. Pappus bristly
Biological/Reproductive characteristics	The plant reproductive sexually by seed.
Ecological Characteristics	The plant is common in fallowlands, and agricultural lands. The dense stands of the plant reduce the establishment of other species.
Management	Hand-pulling
Other region invading	America,India
Uses	The whole plant is used to make broom; the plant is also used to cure cuts and wounds as well as fodder for cattle and goat.

	Local Name Bheda kuro, Kuro, Aagraha (Tharu), Kastolo, Khanghara
	Scientific Name *Xanthium strumarium*
	Common/ English Name Rough cockle bur
	Native
	Family Astaraceae
Description	Annual, erect, coarse herb; stem up to 2m high. Leaves alternate, petiole long; leaf blade broadly ovate or ovate-triangular, 5-12 × 5-12cm, 3-5-palmati- lobed or angled at base, deeply cordate, irregularly dentate. Male capitula 5-7 mm in diameter; phyllaries lanceolate to narrowly obovate, 2-3.5mm long; corolla 2- 2.5mm long. Female capitula ca 1-2cm long, greenish brown..
Ecological characteristics	It is distributed in open and disturbed areas particularly, along roadsides, streams and riverbanks and overgrazed pastures. On nutrient rich soils with abundant moisture, it grows up to 2 m high with pure strands. It is an extremely competitive weed in agricultural field.
Biological characteristics/Reproductive Ability	Reproduces sexually by seeds. Seeds are viable for several years. *X. strumarium* is wind pollinated, self-compatible and predominately self- pollinated.
Management information	Removal of the plants by hand pulling or hoeing is effective, if done prior to flowering. Burning is an effective mean of destroying the seeds
Other region invading	Europe, America,Australia
Uses	The plant is used as green manure in cropland. It is also reported that its fruit is used to dye hair.

FOTOPLATAS

Recolha de dados no terreno

Área invadida por *Cassia tora*

Pastoreio de patos negros na BCA

More
Books!

info@omniscriptum.com
www.omniscriptum.com
OMNIScriptum

Printed by Books on Demand GmbH, Norderstedt / Germany